当诗词遇见科学

陈征 著

11

北京时代华文书局

图书在版编目（CIP）数据

当诗词遇见科学：全20册 / 陈征著 . — 北京：北京时代华文书局，2019.1（2025.3重印）
ISBN 978-7-5699-2880-8

Ⅰ. ①当… Ⅱ. ①陈… Ⅲ. ①自然科学－少儿读物②古典诗歌－中国－少儿读物 Ⅳ. ①N49②I207.22-49

中国版本图书馆CIP数据核字(2018)第285816号

拼音书名 | DANG SHICI YUJIAN KEXUE：QUAN 20 CE

出 版 人｜陈 涛
选题策划｜许日春
责任编辑｜许日春 沙嘉蕊
插 图｜杨子艺 王 鸽 杜仁杰
装帧设计｜九 野 孙丽莉
责任印制｜訾 敬

出版发行｜北京时代华文书局 http://www.bjsdsj.com.cn
　　　　　北京市东城区安定门外大街138号皇城国际大厦A座8层
　　　　　邮编：100011 电话：010-64263661 64261528
印　　刷｜天津裕同印刷有限公司
开　　本｜787 mm×1092 mm　1/24　印　张｜1　字　数｜12.5千字
版　　次｜2019年8月第1版　　印　次｜2025年3月第15次印刷
成品尺寸｜172 mm×185 mm
定　　价｜198.00元（全20册）

自 序

　　一天，我坐在客厅的沙发上，望着墙上女儿一岁时的照片，再看看眼前已经快要超过免票高度的她，恍然发现，女儿已经六岁了。看起来她一直在身边长大，可努力搜索记忆，在女儿一生最无忧无虑的这几年里，能够捕捉到的陪她玩耍，给她读书讲故事的场景，却如此稀疏……

　　这些年奔忙于工作，陪孩子的时间真的太少了！

　　今年女儿就要上小学，放眼望去，小学、中学、大学……在永不回头的岁月中，她将渐渐拥有自己的学业、自己的朋友、自己的秘密、自己的忧喜，直到拥有自己的家庭、自己的人生。唯一渐渐少了的，是她还愿意让我陪她玩耍，给她读书、讲故事的时间……

　　不能等到孩子不愿听的时候才想起给她读书！这套书就源自这样的一个念头。

　　也许因为我是科学工作者，科学知识是女儿的最爱，她每多了解一个新的科学知识，我都能感受到她发自内心的喜悦。古诗词则是我的最爱，那种"思飘云物动，律中鬼神惊"的体验让一个学物理的理科男从另一个视角感受到世界的美好。当诗词遇见科学，当我读给孩子，这世界的"真""善"与"美"如此和谐地统一了。

书中的科学知识以一个个有趣的问题提出，目的并不在于告诉孩子答案，而是希望引导孩子留心那些与自然有关的细节，记得观察生活、观察自然；引导孩子保持对世界的好奇心，多问几个为什么。兴趣、观察和描述才是这么大孩子的科学教育应该做的。而同时，对古诗词的赏析，则希望孩子们不要从小在心里筑起"文"与"理"之间的高墙，敞开心扉去拥抱一个包括了科学、文化和艺术的完整的世界。

不得不承认，这套书选择小学语文必背的古诗词，多少还是有些功利心在其中。希望在陪伴孩子的同时，也能为孩子的学业助一把力。

最后，与天下的父母共勉：多陪陪孩子，趁着他们还没长大！

目 录

唐 张志和

渔歌子 (yú gē zǐ)

西塞山前白鹭飞，桃花流水鳜鱼肥。
(xī sài shān qián bái lù fēi，táo huā liú shuǐ guì yú féi)

青箬笠，绿蓑衣，斜风细雨不须归。
(qīng ruò lì，lù suō yī，xié fēng xì yǔ bù xū guī)

释词

1 渔歌子：词牌名。原为唐代教坊名曲。

2 西塞山：在浙江省吴兴西南。

3 桃花流水：桃花盛开的季节正是春水上涨的时候，俗称桃花汛或桃花水。

4 鳜鱼：淡水鱼，江南又称桂鱼，肉质鲜美。

5 箬笠：箬竹叶或竹篾做的斗笠。

6 蓑衣：用茅草或麻棕编制成的雨衣。

译文

去湖州拜谒好友途中，我看到西塞山前白鹭在天空中无拘无束地飞翔，好生羡慕。江水之中，肥美的鳜鱼欢快地游荡，激流中的桃花愈加显得鲜艳。蓦地，起风了，下雨了。我想找个地方躲一躲，却看见一位渔翁戴着青色的斗笠，披着绿色的蓑衣，在江边悠然垂钓。瞧他泰然自若的样子，似乎在向我说，细雨绵绵的天气正适合垂钓，我不急着回家。受他影响，我也放慢前行的脚步。

鳜鱼是什么？为什么人类爱吃鱼？

　　鳜鱼是中国特有的一种淡水鱼，分布非常广，除了青藏高原以外，几乎各地的江河湖泊都有鳜鱼生活。因为肉质鲜美，又没有小刺，从古至今都被人们视作美味佳肴，所以我们经常能在古人的诗词歌赋中见到它的身影。

　　鳜鱼生性非常凶猛，以吃鱼虾为生，数量相对比较稀少，所以古时候鳜鱼非常名贵，只有达官贵人才能享用得起。而今天，它已经被摆在了寻常百姓的餐桌上。

那么人类为什么爱吃鱼呢?

因为虽然动物和植物都含有蛋白质,但组成这些蛋白质的"小零件"——氨基酸却并不相同。动物性蛋白质中所含的人类所需的氨基酸不但量比较多,而且种类齐全、配比合适,更容易被人类消化和吸收。因此,动物性食物比植物性食物的营养价值更高些。

鱼是一种优质的动物性蛋白,吃鱼是人类高效获取营养的好办法,所以世界上的各个民族、各种文明,只要他们生活的地方有水有鱼,那么鱼往往是最受欢迎的食物之一。

蓑衣为什么不会湿？

下雨时，我们就能看到街上有很多人穿上花花绿绿的雨衣。你知道吗？这些薄薄的不透水的布料或是塑料薄膜做成的雨衣，是最近几十年才有的东西。在这之前的两千年里，中国人的雨衣，都是用蓑草或棕叶编制而成的蓑衣，配上用竹篾夹油纸或棕叶的斗笠。

　　为什么这些东西不会湿呢？这是因为无论是蓑草、棕叶还是竹篾，它们的表面都比较光滑，既不吸水，也不容易让水珠"粘"在上面，科学家把这种特点叫作"疏水性"。用这些疏水材料做成的斗笠和蓑衣，雨打在上面时不会被吸收，而是滑向地面，这样就不会渗进蓑衣里面打湿衣服了。

　　今天，现代科学利用从自然界获得的启发，已经能够制造出超疏水的涂料。把它涂在普通的衣服上，不但雨水不会打湿衣服，就连灰尘都很难粘在衣服上，我们就不用担心衣服被弄脏了。

唐 卢纶

塞下曲
sài xià qǔ

yuè hēi yàn fēi gāo　　chán yú yè dùn táo
月黑雁飞高，单于夜遁逃。

yù jiàng qīng jì zhú　　dà xuě mǎn gōng dāo
欲将轻骑逐，大雪满弓刀。

1 塞下曲：古代边塞的一种军歌。

2 单于：匈奴的首领，这里指入侵者的最高统治者。

3 遁：逃走。

4 轻骑：轻装快速的精锐骑兵。

译文

一个月黑风高的夜晚，敌军企图偷袭我军营垒，被我军发现后，敌军首领偷偷地逃走了。一群大雁被急促的马蹄声惊动，朝高处飞去。将军正要集结精锐骑兵去追击敌军，天空中突然下起雪来，霎时间弓刀上落满雪花。

弓和刀谁出现得比较早?

如果把弓箭和刀比作人,那弓箭可以说是刀的爷爷的爷爷的爷爷的爷爷了。弓箭几乎伴随着人类整个文明的发展,早在一两万年前的石器时代,人们就已经在使用弓箭来打猎了。直到近两三百年,枪炮等热兵器发展起来之后,弓箭才逐渐退出了主舞台。到今天,射箭依然是人们喜欢的运动之一。

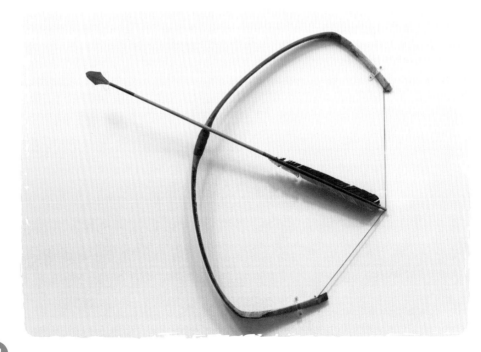

刀的出现则很晚。

人们掌握青铜冶炼技术之后，最先制造的兵器是剑。剑这种兵器两面开刃，能刺能劈，被奉为百兵之祖。中国在2000多年前的春秋战国时期，就已经拥有了非常精湛的铸剑技术，1965年在湖北出土的越王勾践剑，时隔2000多年，依然光彩夺目，锋利异常。

刀这种武器是单面开刃，有着比较厚的刀背，主要用于大力劈砍，这个特点决定了刀必须有很高的强度和很大的韧性。制作青铜剑所用的铸造工艺并不能满足要求，铸造的兵器比较脆，在大力劈砍时很容易折断。所以，刀是到了汉代，随着冶铁技术，特别是锻造技术的发展提高，以及和游牧民族骑兵作战的需要，才逐渐走上了历史舞台。

为什么古人先学会炼铜后才学会炼铁？

就像在树上摘果子时，总是会先摘到比较低的果子一样。人类先学会炼铜，后学会炼铁，是因为炼铜的难度比炼铁要低很多。

铜是一种不太活泼的金属，在自然界中存在着以单质形式存在的天然红铜。人们最早只是把它像石头一样使用，可是在敲、打、砍、砸的过程中，发现红铜不像普通石头那样脆，而是可以延展变形。同时，把红铜放进火里烧，它还会变软甚至熔化。早在5000年前的仰韶文化时期，人们用来烧制陶器的火焰温度就已经达到1000℃，而红铜的熔点只有1083℃，所以人们很早就掌握了把铜熔化成铜水，并且铸造成形的方法。早在夏商周时期，中国的青铜器制造就已经达到了很高的水平。

　　铁的化学性质比铜活泼很多，自然界中很少有以单质形式存在的铁，而多以铁的氧化物的形式存在。人类最早使用的铁器，多是用陨铁制造而成的，而且铁的熔点比铜要高大约 500℃。随着制陶技术和炼铜技术的发展，所用的火焰温度不断提高，人们才能够利用木炭等还原性材料，在高温下把铁从铁的氧化物中还原出来。中国的冶铁技术，到战国以后才逐渐发展起来。

　　比铁活泼的金属铝，其实在地球上的含量很高，可人们掌握大规模冶炼的方法，已经是 19 世纪的事了。

唐　刘禹锡

望洞庭
wàng dòng tíng

hú guāng qiū yuè liǎng xiāng hé　　tán miàn wú fēng jìng wèi mó
湖光秋月两相和，潭面无风镜未磨。

yáo wàng dòng tíng shān shuǐ cuì　　bái yín pán lǐ yì qīng luó
遥望洞庭山水翠，白银盘里一青螺。

释词

1 洞庭：即洞庭湖，在今湖南省北部，长江南岸。

2 和：指水色和月光互相辉映，融为一体。

3 镜未磨：古人的镜子用铜制作、磨成。这里一说是湖面无风，水平如镜；一说是远望湖中的景物，隐约不清，如同镜面没打磨时照物模糊。

4 白银盘：形容平静而又清澈的洞庭湖面。

5 青螺：这里用来形容洞庭湖中的君山。

译文

一个晴朗的秋天夜晚，月光如洗，我站在岳阳楼上眺望洞庭湖。只见水天一色，洞庭湖水清澈空明，与明朗的月色交融在一起。湖面上风平浪静，波光闪动，就像一面未经打磨的镜子。那翠绿色的君山，真像白银盘中一枚小巧可爱的青螺。目之所及，湖光山色令我心旷神怡。

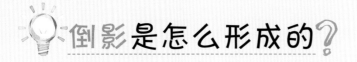

倒影是怎么形成的？

今天，镜子几乎是家家户户必不可少的生活用品。在平整的玻璃表面镀上明亮的金属，我们就可以在里面看到清晰的自己。不过，这是在最近几百年才有的便利，在这以前，人们使用的镜子是经过特别仔细打磨的铜镜。这种铜镜非常昂贵，只有贵族才用得起。普通老百姓想要看到自己的样子，多半只能借助水面了。

　　人能看到景物，是因为从景物上反射出来的光线到达了眼睛。不过因为我们的大脑进化速度远远跟不上人类科技发展的速度，大脑的本能反应总是认为光是沿着直线前进，并不能分辨出我们看到的光是从景物出发直接到达眼睛，还是经过什么东西"反弹"后进入眼睛。因此，当湖边青山发出一部分光线直接进入眼睛时，我们看到了青山；而另一部分光经过平静的湖面反射后进入眼睛时，我们的大脑"以为"反射光线所在的方向上也有一座青山，这就是湖面的倒影。

镜子能做什么?

　　镜子除了能让我们洗脸时看看有没有洗干净,还能做许多有趣的事情。平时照镜子时你会发现,镜子中的你和你本人总是左右相反的。如果你把两块镜子镜面向内拼成一个直角,再照镜子时就会发现镜子里的你和你本人不再相反,变成了一个"真实的镜子"。潜水艇里用的潜望镜是利用两块相对的镜子实现的,万花筒则是把三片镜子镜面向内拼在一起。如果把两块镜子镜面向外拼个直角,再把这个直角靠在墙角,那么藏在镜子后面的你就会"消失"。

　　镜子能发挥的功能可不止这么简单。科学家探测引力波所用的那台巨大的装置——激光干涉引力波天文台（简称LIGO），其中非常重要的一部分就是让激光在两片镜子之间来回反射，从而增加光走过的路程来提高测量精度。

　　镜子其实还有许多的妙用，除了上面提到的以外，你还能想到什么玩法呢？

① 找一张 A4 纸，左半边涂油，整张纸涂水，观察纸两边的吸水情况有何不同？

② 水中的倒影有颜色吗？想一想，这是怎么形成的？

③ 利用反射原理，设计 3 个镜子小游戏。

扫描二维码回复"诗词科学"

即可收听本书音频